Wunderbare Pflanzenwelt

BAROCK-GÄRTEN

PARKLAND

Euredition

Betreut von Euredition, Den Haag, erscheint dieser Titel gleichzeitig in Deutschland, Frankreich, Großbritannien, Italien und den Niederlanden

Fotografie:
PPWW Plant Pictures World Wide, Daan Smit
Photo Seite 48: A.A.W. Meine Jansen
Text:
Nicky den Hartogh

Übersetzung:
Alfred P. Zeller

Konzept, Entwurf und Redaktion:
Boris van Dobbenburgh
Satz:
Mark Dolk/Peter Verwey Grafische Produkties
Lithographie:
Unifoto PTY Ltd, Kapstadt
Herstellung:
Agora United Graphic Services bv,
's-Graveland
Druck und Bindearbeiten:
Egedsa, Sabadell, Spanien

ISBN 3 88059-798-7

EINFÜHRUNG

Fotografien zeigen nichts mehr von dem ebenso bunten wie repräsentativen Treiben, das sich in den Gärten der Schlösser und Paläste des 17. und 18. Jahrhunderts abgespielt hat. Zeitgenössische Gemälde und Druckgrafiken führen uns vor Augen, was heute den so sorgfältig wiederhergestellten Gärten der Barockzeit fehlt: das Kommen und Gehen von Kutschen und Reitern auf dem Schloßhof, die auf den Wegen des Gartens plaudernd flanierenden eleganten Damen und Herren mit ihren prächtigen Kleidern und gepuderten Perücken, die sich in Erwartung einer Oper, eines Singspiels oder Balletts im Heckentheater oder um einen künstlichen See versammeln. Bewundernd bleiben sie vor einem Springbrunnen, einer seltenen Pflanze, einer neu aufgestellten Gartenplastik oder einem kunstvoll angelegten Broderieparterre stehen, lauschen dem Rauschen des Wassers von Fontänen und Kaskaden oder dem Zwitschern der Vögel und erfreuen sich der Düfte von Rosen und anderen Gewächsen. Belebt sind diese Szenen mehr durch die Menschen als durch die Pflanzen, sind doch die Gärten der Barockzeit eher statische Gebilde, die mit dem Schloß oder Palast zu einem architektonisch durchgestalteten Gesamtkunstwerk verschmelzen, dessen Teile zueinander in Beziehung stehen. Für Bauwerk und Garten gelten die gleichen Gesetze der Geometrie und Symmetrie. Der Garten ist ganz auf das Schloß ausgerichtet und bildet nicht nur dessen Rahmen, sondern auch die Fortsetzung seiner Repräsentationsräume unter freiem Himmel, so daß man hier wie dort wichtige Besucher empfangen und unterhalten kann. In den Gärten wurden politische Fragen besprochen, Komplotte ausgeheckt, Entscheidungen von oft großer Tragweite getroffen. Vor allem aber dienten die Gärten der Barockzeit und die in ihnen gefeierten prunkvollen Feste fürstlicher Repräsentation und dem Ausdruck staatlicher Macht. Die Gärten sollten Freund und Feind gleichermaßen beeindrucken, waren gleichsam die Visitenkarten der Herrschenden.

In der Zeit des Barocks, dem 17. und frühen 18. Jahrhundert, stand die Gartenbaukunst in ganz Europa unter dem Einfluß Frankreichs. Sie war zu dieser Zeit zu einer eigenständigen Kunstform geworden, die oft mehr Geld verschlang als die Einrichtung eines Palastes. Geplant wurden die Gärten häufig von denselben Architekten, die mit ihren Schlössern barocke Meisterwerke schufen, und dabei halfen ihnen Gartenmeister, die wie Wasserbauingenieure, Bildhauer und andere Kunsthandwerker nach ihren detaillierten Plänen arbeiteten.

Gebäude und Gärten mußten nach der Auffassung des Barocks eine aufeinander abgestimmte künstlerische Einheit bilden. Luftaufnahmen, vor allem aber zeitgenössische Stiche, die die Anlagen aus der Vogelperspektive zeigen, lassen deutlich erkennen, wie diese Geschlossenheit erreicht wurde. Eine Mittelachse verläuft vom Schloßhof durch die Gebäudemitte und durchschneidet dann den Garten in seiner vollen Länge. Von dieser Mittelachse aus ist das Gelände durch Querachsen in regelmäßige, symmetrisch angelegte Quartiere eingeteilt, deren streng geometrischer Ordnung die ganze Bepflanzung und alle gartenarchitektonischen Elemente wie Wasserflächen und Gartenskulpturen unterworfen sind. Bassins und Fontänen mit Plastiken, welche die ovidischen Götter darstellen und sich auf die fürstlichen Tugenden beziehen, markieren oft die Kreuzung von Achsen. Auf alten Darstellungen ist zu sehen, wie diese Achsen häufig weit über den eigentlichen Garten hinaus in die umliegende Landschaft vorstoßen, wo sie schnurgerade als Schneisen durch Wälder oder als Alleen über Felder führen und als Blickbahnen die Umgebung mit ihren Blickzielen (z.B. Kirchtürme) in die Gesamtanlage einbeziehen.

Der kunstvollste Teil des Gartens ist das tischebene Zierparterre, das unmittelbar beim Schloß liegt und meist über eine große Freitreppenanlage vom Hauptsaal aus zu erreichen ist. In die vier Hauptbeete, die sich um die Mittelachse gruppieren, sind mit Hilfe von Buchsbaumrändern komplizierte Arabesken eingelegt, die an eine kunstvolle Stickerei erinnern und deshalb als Broderieparterres bezeichnet werden (französisch *broderie* = Stickerei). Zu voller Geltung kommt das Grün der formgeschnittenen Buchshecken durch farbige Erde, weißen Sand oder verschiedenfarbigen Kies in den Zwischenräumen. Oft sind die Zwischenräume auch mit Beetpflanzen gefüllt, doch besonders schöne und seltene Pflanzen wurden nie als Beetpflanzen gebraucht, sondern in Vasen oder auf eigenen Beeten als Einzelpflanzen zur Schau gestellt.

An das Zierparterre schließt sich die Boskettzone an, in der von Buchen, Eiben, Hainbuchen oder Linden durch Baumlauben, Heckenwände oder Laubengänge aus beranktem Lattenwerk (Treillage) abgeschlossene Räume geschaffen werden. Diese können mit Sitzplätzen, Lauben, Bassins, Einzelbäumen und Gartenskulpturen mannigfach gestaltet sein und verleihen dem Garten eine gewisse Intimität. Zur Boskettzone gehörten immer auch ein Labyrinth oder Irrgarten und ein Heckentheater, diente doch dieser Teil des Gartens der Kurzweil. Deshalb gab es hier auch Plätze für Ball- und Kegelspiele; man stellte Schaukeln und Karusselle auf, und seltene Vögel und andere Tiere wurden in Volieren und Menagerien zur Schau gestellt. Der Belustigung dienten in der Boskettzone auch einfallsreiche Mechanismen, die einen Springbrunnen aufsteigen ließen, wenn man auf einen im Boden verborgenen Auslöser trat. Lauschige Plätzchen waren die ungemein beliebten Grotten, die nach dem Vorbild antiker Gärten zur Zeit der Renaissance in Mode kamen und die, aus Tuffstein, Bimsstein oder Kiesel errichtet, mit Muscheln, Korallen, Emaille und Spiegelglas besetzt wurden. Als kühle Grotten für heiße Sommertage stattete man auch Innenräume im Erdgeschoß der Schlösser aus.

Versailles, das Schloß des absolutistischen französischen »Sonnenkönigs« Ludwigs XIV., war der Schauplatz üppiger Feste, in die auch die prächtigen Gartenanlagen einbezogen wurden. Es gab große Bankette im Freien, bei denen kandierte Früchte auf den Bäumen hingen, ein Schloß aus Marzipan Bewunderung erregte oder die Speisen von den

Gästen von einem künstlichen Berg aus Steinen geholt werden mußten. Wenn der König in Versailles weilte, wurde der Garten oft in eine Bühne umfunktioniert, auf der Stücke von Racine und Molière, Opern, Singspiele und Ballette aufgeführt wurden, und nicht selten spielten, besonders bei Balletten, auch der Herrscher und die Hofgesellschaft mit. Diese Prachtentfaltung war nicht zuletzt auch ein Instrument der psychologischen Kriegsführung, und zur Zeit Ludwigs XIV. war Frankreich fast ständig in irgendwelche Kriege verwickelt. Als Repräsentation absolutistischer Macht war das Versailles des Sonnenkönigs einzigartig.

Geschaffen wurde der überall in Europa bewunderte und bald auch nachgeahmte, aber nie übertroffene Versailler Park von Le Nôtre, der ab 1661 zwanzig Jahre lang im Dienst Ludwigs XIV. stand. Nach damaligem Brauch hatte er eine umfassende künstlerische Ausbildung genossen, ehe er sich auf die Gartenbaukunst spezialisierte. Versailles hat ihn unsterblich gemacht. Der gigantische Gartenkomplex, dessen Anlage einen gewaltigen Arbeitsaufwand erforderte und riesige Summen verschlang, war im Zeitalter des Barocks das vielbeneidete Vorbild der Herrscher in ganz Europa, dem sie nachzueifern trachteten.

Die Grundidee, die Le Nôtre so erfolgreich umsetzte, daß der »französische Stil« allbeherrschend wurde, war eigentlich gar nicht so neu. Das Ideal der Einheit von Gebäude und Garten, die Gesetze von Proportion und Schönheit, von Symmetrie und Ausgewogenheit gehen auf die Antike zurück und wurden zur Zeit der Renaissance in Italien wieder aufgegriffen. Die italienischen Terrassengärten des 16. Jahrhunderts (Villa d'Este, Villa Farnese, Villa Lante usw.) waren dank ihrer architektonischen Durchformung weithin berühmt. Die Gartenbaukunst der Renaissance wurde von den Italienern entwickelt, aber seit jeher sind wichtige künstlerische Strömungen grenzübergreifend. Künstler und Kunsthandwerker waren oft an mehreren europäischen Höfen tätig und verbreiteten überall die Stilformen ihrer Heimat. Reiche junge Männer schlossen ihre Studien mit einer »Kavaliersreise« oder Bildungsreise durch Europa ab und lernten dabei auch die italienische und französische Gartenbaukunst kennen, von denen sie nach ihrer Rückkehr berichteten. Bau- und Gartenmeister wurden ins Ausland geschickt, um dort von ihren Kollegen zu lernen. Außerdem gab es auch Bücher über Gartenbaukunst, die ausführliche Beschreibungen, Muster, Grundrisse und meist auch bildliche Darstellungen fertiger Gärten enthielten.

Zwar setzte sich der französische Stil der Gartenbaukunst im späten 17. und frühen 18. Jahrhundert allgemein durch, doch behielten die in diesem Stil geschaffenen Gärten in den verschiedenen Ländern Europas häufig landesspezifische Eigenheiten bei, bedingt durch die Landschaftsform, das Klima, die eigenen Traditionen und nicht zuletzt durch die Mentalität der Menschen. Nicht immer war das Gelände groß genug, um eine durchgehende Hauptachse zuzulassen; kleinere Anlagen bestehen manchmal zwar aus exakt zugeschnittenen Broderieparterres und einer geometrisch gestalteten Boskettzone, doch fehlt nicht selten die zentrale Achse, die diese Elemente in eine symmetrische Ordnung einbindet. So war der Barockgarten ein Thema, das viele Variationen ermöglichte.

Die strenge architektonische Gestaltung der Barockgärten mit ihrem Formalismus und ihrer Künstlichkeit war nicht nach jedermanns Geschmack. Kritik gab es schon lange, ehe in der ersten Hälfte des 18. Jahrhunderts in England die ersten ernsthaften Versuche zur Schaffung von »natürlicheren« Gärten gemacht wurden. Inzwischen gewann das Bürgertum immer größere Bedeutung, griff der Liberalismus um sich und setzte eine Entwicklung ein, die zum Umbruch der barocken Ordnung in Gesellschaft und Staat und zur Abschaffung des Absolutismus führte. Ein neuer Stil der Gartenbaukunst bildete sich heraus, der Landschaftsgarten, mit dem fortan England beispielgebend wurde. Während einer Übergangsphase verknüpfte man Elemente des französischen und des englischen Stils miteinander, doch dann ging man immer mehr dazu über, aus den Barockgärten ganz oder teilweise Landschaftsgärten nach englischem Vorbild zu machen.

Daß dies nicht das Ende der Gartengestaltung nach architektonischen Prinzipien war, zeigte sich im 19. Jahrhundert. Wenn Gartenarchitekten die Aufgabe gestellt wurde, für bedeutende historische Bauwerke einen würdigen Rahmen zu schaffen, griffen sie verstärkt auf Stilmittel aus der Zeit von Renaissance und Barock zurück, und im 20. Jahrhundert ist es sogar zu einem regelrechten Wiederaufleben der Barockgärten gekommen, freilich nur im Sinn der Denkmalpflege. Diese heute meist der Allgemeinheit zugänglichen Gärten sind wie die Kunstschätze in den Museen und die historischen Bauwerke ein Teil des kulturellen Erbes. Das hat man längst erkannt, und so hat man große Mühe und viel Geld darauf verwendet, um barocke Gärten wie die von Herrenhausen in Hannover und von Schloß Het Loo in Apeldoorn in ihrer alten Pracht wiederherzustellen. Historiker, Architekten, Gartenarchitekten, Wasserbautechniker, Ingenieure und Gärtner haben dabei ebenso eng zusammengearbeitet, wie dies einst bei der Schaffung der Barockgärten üblich war.

BELOEIL

Vom Schloß ausgehend, bildet ein großer künstlicher See den Anfang der Hauptachse, die der Gartenbaumeister über den eigentlichen Schloßpark hinaus in die umgebende Landschaft weitergeführt hat. Das belgische Schloß Beloeil war seit 1511 im Besitz der an den Höfen Europas sehr angesehenen Familie De Ligne, und der in der ersten Hälfte des 18. Jahrhunderts angelegte Schloßpark war ein augenfälliges Zeugnis für den sozialen Rang des Schloßbesitzers. Mit seinem ausgeklügelten System von Hauptachse und Querachsen entsprach der Park dem klassischen Ideal der Einheit von Bauwerk, Gartenanlage und umliegender Landschaft.

Zu beiden Seiten der großen Wasserfläche, in der sich einst bei nächtlichen Festen die Feuerwerke spiegelten, liegen die geometrisch durchgestalteten Teile des Parks, und auch der sich rechts anschließende Gemüsegarten ist in rechteckige Beete unterteilt.

BELOEIL

BELOEIL
Beidseits der zentralen Wasserfläche durchziehen den Park schnurgerade Wege. Sie werden von hohen Hainbuchenhecken gesäumt, die so präzis zugeschnitten sind, daß auch sie kerzengerade verlaufen. Die Heckenwände bilden die räumliche Umgrenzung von Flächen, die mit Rasen bestanden oder mit Bassins oder Wasserspielen geschmückt sind. Obwohl individuell gestaltet, sind auch diese Flächen stets streng symmetrisch (spiegelbildlich) angeordnet.

BAGATELLE Zwischen kurzgehaltenen Rasenflächen, in die scheinbar willkürlich Buschwerk, unregelmäßig angelegte Blumenbeete und Baumgruppen eingestreut sind, ist das Rosarium streng geometrisch gestaltet. Die rechteckigen Rosenbeete werden von niedrigen Buchshecken eingefaßt. Die hier gezüchteten Rosen wurden schon verschiedentlich prämiiert.

BAGATELLE Blick aus der reich ornamentierten chinesischen Pagode über einen Teil des Rosengartens, hinter dem die Orangerie liegt.

Ein Kräutergarten mit rot und weiß blühendem Baldrian, Salbei, Lavendel und anderen Gewürz- und Heilkräutern.

Der Garten des am Rand des Pariser Bois de Boulogne liegenden Château de Bagatelle ist einer der frühesten »jardins anglais« in Frankreich. Als englischen Garten bezeichnet man eine Gartenanlage, die nicht mehr durch gerade Linien und Symmetrie beherrscht wird, sondern die durch größere Spontaneität fast wie eine natürlich »gewachsene« Landschaft wirkt. In englische Gärten stellte man gewöhnlich »romantische« Bauwerke wie künstliche Ruinen, Nachbildungen antiker Rundtempel, chinesische Pagoden und malerische kleine Brücken. Der Garten von Schloß Bagatelle stammt aus der zweiten Hälfte des 18. Jahrhunderts; sein Schöpfer, F.J. Bélanger, nahm sich englische Landschaftsgärten zum Vorbild, die damals in dem Inselreich in Mode kamen und die er auf mehreren Englandreisen kennengelernt hatte.

JARDIN THABOR ▶
Rasenparterre mit Blumenbeeten und Springbrunnen.

JARDIN THABOR
Wie bei vielen Gärten mit einer langen Geschichte sind auch beim Jardin Thabor mehrere gartenarchitektonische Stile miteinander verknüpft. An der Stelle dieses öffentlichen Parkes erstreckte sich einst der Klostergarten der Abtei St. Mélaine. Deren Mönche benannten diese höchste Erhebung der französischen Stadt Rennes nach dem biblischen Berg Tabor. Ein Teil des Jardin Thabor ist im geometrischen Stil angelegt. Bei dem hier gezeigten Broderieparterre heben sich die zu Arabesken angeordneten Buchshecken vom hellen Kiesbelag des Bodens ab.

VERSAILLES

Um für seine Gäste den Park von Versailles zur vollen Geltung zu bringen, verfaßte Ludwig XIV. eigenhändig eine Anleitung für den Rundgang durch die Anlagen. Dieser Rundgang begann auf der Schloßterrasse über der darunterliegenden Orangerie, von der aus eine Treppe zu den vor der Terrasse aufgestellten Kübelpflanzen führte. Die Holzkübel der größten Pflanzen hatten an Scharnieren hängende Klappen, so daß man die Erde erneuern konnte, ohne das Gewächs umsetzen zu müssen. Zur Exotenpflanzensammlung des Sonnenkönigs gehörten außer Palmen, Granatapfelbäumen, Myrthen, Oleander und vielen anderen wärmebedürftigen Pflanzenarten, die man

im Winter in der Orangerie vor Frost schützen mußte, auch viele Orangenbäume. Diese lagen Ludwig XIV. besonders am Herzen, war doch die Orange ein Sinnbild seines »Sonnenkönigtums«.

VERSAILLES Eingangstor

VERSAILLES Reiterstandbild. ▶

Kunsthistoriker haben Versailles als den »absoluten Höhepunkt barocker Gartenarchitektur« und als das »Meisterwerk von Le Nôtre« gefeiert. Versailles geht letztlich auf Vaux-le-Vicomte zurück, das Schloß des französischen Finanzministers Fouquet, für das Le Nôtre einen wunderschönen Park schuf. 1661 weihte Fouquet seinen Park mit einem großen Fest zu Ehren von Ludwig XIV. ein. Zu seinem Pech fühlte sich der König weniger geehrt als herausgefordert: In seiner Verärgerung ließ er Fouquet wegen angeblicher Unterschlagung einkerkern und zog nicht nur einen Teil seines Vermögens ein, sondern sicherte sich auch die Schöpfer von Vaux-le-Vicomte, den Architekten Le Vau, den Maler Le Brun und den Gartenarchitekten Le Nôtre. Diesem Trio, zu dem später noch der Baumeister Mansart kam, übertrug er den Bau des Schlosses von Versailles und die Gestaltung der Parkanlagen, die man ihrer rationalen Planung wegen als eine Schöpfung des Intellekts, des sachlich berechenenden Verstandes, bezeichnen kann.

Kritiker und vor allem Bewunderer haben die Pracht dieser Anlagen in aller Ausführlichkeit beschrieben, die zahllosen Bassins und Wasserspiele, die weitläufigen Blickfelder und Blickbahnen, die in bewußtem Gegensatz zu den durch die gartenarchitektonischen Elemente geschaffenen intimen »Räumen« der Boskettzone stehen, die prächtigen Skulpturen, das bescheidene Jagdhaus, aus dem im Laufe der Jahre ein zahlreiche Kunstschätze bergendes prächtiges Schloß wurde, den exakten Formschnitt der Broderieparterres mit ihren Buchsbaumarabesken, die prunkvollen Ballett- und Opernaufführungen, mit denen der Sonnenkönig Ludwig XIV. seine hochrangigen ausländischen Gäste in Erstaunen versetzte.

Le Nôtre, der Schöpfer dieser herrlichen Anlage, verstand es, Schloß und Park zu einer architektonischen Einheit zu verschmelzen, in der jedes Element seinen festen Platz und seine bestimmte Bedeutung hatte und dazu beitrug, die unumschränkte Herrschergewalt des Königs vor Augen zu führen. Der Herrscher stand im Mittelpunkt des Ganzen. Es war kein Zufall, daß die Hauptachse, die den Garten mit dem Palast verknüpft, in ostwestlicher Richtung verläuft und daß das Tor zum Garten vor der Schloßfront eine goldene Sonnenscheibe trägt: Wenn die Sonne aufgeht, fallen die ersten güldenen Sonnenstrahlen auf dieses Tor, und wenn sie höhersteigt, erreichen die Sonnenstrahlen das Schlafgemach des Königs genau zu der Zeit, in der das allmorgendliche Zeremoniell des königlichen Levers beginnt.

VERSAILLES ▶
Statuengruppe im Gegenlicht.

VERSAILLES
Nach dem Vorbild von Versailles wurden die Broderieparterres mit ihren formgeschnittenen Buchshecken, die für die französische Gartenarchitektur typisch sind, bald in ganz Europa nachgeahmt. Heute füllt man die Flächen zwischen den Buchshecken mit neu gezüchteten Beetpflanzen. Solche gab es auch schon im 17. Jahrhundert, doch blühten sie damals nicht so üppig und waren weniger farbenprächtig. Le Nôtre bevorzugte gedämpfte Farben und legte die großen Zierparterres in Schloßnähe in gedeckten Farbnuancen an, obwohl der König gern leuchtendere Farben gehabt hätte.

VERSAILLES ▶
Blumen- und Rasenparterre mit großen Orangeriepflanzen im Hintergrund. Dahinter sehen wir das Schloß und rechts die von den Kübelpflanzen fast verdeckte niedere Orangerie.

Einst gab es in Versailles zahlreiche Springbrunnen. Da, besonders in den ersten Jahren, nicht genügend Wasser zur Verfügung stand, wurden die Wasserspiele nur zu bestimmten Zeiten in Betrieb gesetzt. Wenn der König einen Rundgang durch die Gärten machte, kündeten die im Park verteilten Bediensteten durch Pfeifsignale sein Kommen an, so daß die Wasserzuläufe zu den Brunnen rechtzeitig vor seinem Eintreffen geöffnet werden konnten. Auch heute noch wird mit Wasser gespart. Wenn die Fontänen in dem hier gezeigten Apollobrunnen aufsteigen, scheinen Apollo und seine feurigen Pferde durch die Wasserstrahlen zum Leben erweckt zu werden. Das Bassin, aus dem Apollo als Lenker des Sonnenwagens aufsteigt – eine weitere Anspielung auf das »Sonnenkönigtum« Ludwigs XIV. –, wurde von dem »Kunstdiktator« Le Brun gestaltet, der für alle Bildwerke in Park von Versailles zuständig war.

VERSAILLES
In Le Nôtres Gesamtplan für den Park von Versailles spielen Buchsparterres und Wasserflächen eine herausragende Rolle. Besonders für die größeren Wasserparterres wurde sehr viel Geld aufgewandt. Um 1678 die Pièce d'Eau des Suisses auszuheben, wurde ein ganzes Regiment der Schweizergarde eingesetzt. Die längste Wasserfläche erstreckt sich mehr als anderthalb Kilometer weit vom Grand Canal, auf dem der König Schauspiele aufführen und Mondscheinpartien in Gondeln veranstalten ließ.

Viel Geld und viele Arbeitsstunden wurden auch für die den Park umgebenden Laubwälder aufgewandt, die wie die Bauwerke, die Parterres, die Wasserflächen und der Figurenschmuck einen Teil des genau durchdachten Gesamtplans darstellten. Man pflanzte ausgewachsene Bäume um, die aber oft auf dem Transport aus großer Entfernung eingingen und dann durch neue Bäume ersetzt werden mußten.

VERSAILLES ▶

VILLANDRY
Das Château Villandry zählt zu den schönsten Schlössern im Tal der Loire. Es wurde ab 1536 im Stil der Renaissance errichtet. Im 16. Jahrhundert waren seine prächtigen Gärten weithin berühmt, und besonders pries man den Gemüsegarten des Schlosses, in dem praktische und ästhetische Erwägungen eine ebenso nützliche wie die Augen erfreuende Einheit eingegangen waren.

Als der Spanier Joachim Carvallo 1906 das Schloß erwarb, war nur noch wenig von der ursprünglichen Gartenanlage erhalten. Die Arbeiten zu ihrer Wiederherstellung dauerten bis ins Jahr 1918. Eine große Hilfe dabei war eine Beschreibung von Parkanlagen in einem Buch, das der französische Baumeister Du Cerceau im 16. Jahrhundert verfaßt hatte. Die den Text illustrierenden Stiche von zeitgenössischen französischen Renaissancegärten wie denen von Villandry und Blois vermittelten ein anschauliches Bild von der Anlage und Ausgestaltung solcher Gärten.

Zwar hielt man sich an historische Vorbilder, doch spielten bei der Wiederherstellung der Anlage auch die gartenarchitektonischen Vorstellungen des Eigners eine Rolle, wie beispielsweise die ausgedehnten Buchshecken-Broderieparterres zeigen, die es in dieser Form in den Gärten der Renaissance noch nicht gegeben hat.

VILLANDRY
Der Park ist auf drei Ebenen angelegt. Vom höchsten Punkt aus überblickt man die Broderieparterres der zweiten Ebene und den kunstvoll gestalteten Gemüsegarten auf der untersten Ebene.

CICHORIUM INTYBUS 'RADICCIO'
Der *radiccio rosso*, auch rote Zichorie genannt, ist eine als Salatpflanze gezüchtete Abart der Wurzelzichorie, die in einen Gemüsegarten farbliche Abwechslung bringt.

BRASSICA ▶
Das gleiche gilt für den Zierkohl, der in verschiedenen Spielarten gezüchtet wird.

◀
VILLANDRY
Der *potager* oder Gemüsegarten von Villandry läßt erkennen, daß auch ein Nutzgarten sehr kunstvoll angelegt werden kann. Er ist in neun Quartiere unterteilt, in denen die Beete unterschiedlich angeordnet sind. Dabei bestimmen nicht nur praktische, sondern auch künstlerische Erwägungen die Abfolge von Formen und Farben, so daß die phantasievolle Zusammenstellung der Nutzpflanzen einen reizvollen Gegensatz zum streng geometrischen Grundriß des Gartens bildet.

BAYREUTH, EREMITAGE Ehe die Markgräfin Wilhelmine das Neue Schloß bezog, diente es als Menagerie und Orangerie. Die kunstsinnige Wilhelmine, die Frau des Markgrafen Georg Wilhelm von Brandenburg-Bayreuth, gestaltete den Landschaftsgarten, in dem die Eremitage lag, mit viel Phantasie aus, mit malerischen Grotten, mit einer römischen Ruine, vor der Freilichtaufführungen stattfanden, mit einem großen, von schönen Statuen gesäumten Wasserspiegel und mit zahlreichen Springbrunnen.

BAYREUTH, EREMITAGE
▼

BAYREUTH, EREMITAGE
Das auf halbkreisförmigem Grundriß errichtete Neue Schloß mit dem von zwei Rundflügeln flankierten achteckigen Mittelbau (»Sonnentempel«) trägt reichen bauplastischen Dekor, wie er für das deutsche Spätbarock und Rokoko typisch ist.

Dagegen erinnert das Alte Schloß, eine eingeschossige Vierflügelanlage mit Grottenbau, Marmorsaal und Eremitenzellen in Ost- und Westflügel, eher an ein Kloster. Erbaut wurde es von Kurfürst Georg Wilhelm 1715-18, also lange vor seiner Hochzeit mit Wilhelmine (1731). In die Eremitenzellen zog sich der Kurfürst mit seinem Gefolge, in Mönchskutten gewandet, zurück, um dem Trubel und dem Ränkespiel der Regierungsgeschäfte und des Hoflebens zu entfliehen und im Gebet neue Kraft zu finden. Dies taten übrigens viele Herrscher seiner Zeit, so daß Eremitagen (»Einsiedeleien«) in der Geschichte der Gartenbaukunst eine nicht unwesentliche Rolle spielen.

PÄONIENBLÜTIGER PAPAVER SOMNIFERUM (Schlafmohn)

HERRENHAUSEN

Die eigentliche Geschichte des Gartenkomplexes von Herrenhausen begann im Jahr 1680, als die Kurfürstin Sophie, die Enkelin des englischen Königs Jakobs I., eine ausgebaute alte Wasserburg in dem Dorf Haringehusen (später Herrenhausen) nordwestlich von Hannover zu ihrer Sommerresidenz machte. Bald danach legte der Franzose Martin Charbonnier den Garten im französischen Stil an. Die Kurfürstin gab sich mit der Anlage nicht zufrieden, sondern ließ sie, wie es damals üblich war, ständig erweitern und umgestalten. Sie hatte einen Teil ihrer Jugend am Hof der Oranier verbracht und sorgte dafür, daß sich ihre Gartenmeister auch nach niederländischen Vorbildern richteten. Nach ihrem Tod blieben die Gärten weitgehend unverändert, so daß man sie in den dreißiger Jahren unseres Jahrhunderts ohne große Eingriffe in den ursprünglichen Zustand zurückversetzen konnte, doch die Bombenangriffe des Zweiten Weltkriegs richteten enorme Schäden an. Dank umfassender Restaurierungsarbeiten, die den Großen Garten in seiner einstigen Pracht wiedererstehen ließen, kann sich Hannover heute rühmen, einen der authentischsten Barockgärten der Welt zu besitzen.

TULIPA 'WEBERS'S PARROT'

Tulpen wurden im christlichen Abendland erstmals um die Mitte des 16. Jahrhunderts kultiviert. Die aus der Türkei und aus Persien stammenden Tulpen erfreuten sich so großer Beliebtheit, daß eine regelrechte »Tulipomanie« ausbrach und der Tulpenhandel bald zu einem höchst einträglichen Geschäft wurde. Tulpen wurden zum Spekulationsobjekt, und zeitweise kostete eine einzige seltene Zwiebel zwei- bis viertausend Gulden. Die Spekulation wurde 1635-37 verboten, aber das Interesse an Tulpen hielt an. Immer neue und phantasievollere Tulpen wurden gezüchtet; es gab gefüllte (päonienblütige) Tulpen, zweifarbig gestreifte (geflammte) Tulpen und die besonders beliebten »Papageientulpen« mit ihren ungewöhnlich geformten Blütenblättern.

HERRENHAUSEN

HERRENHAUSEN Zur Zeit des Barocks ließ jeder Parkbesitzer, der auf sich hielt und die erforderlichen Mittel hatte, in seinem Garten ein Heckentheater anlegen. Das von mauerartig geschnittenen Heckenwänden umschlossene Gartentheater im Großen Garten von Herrenhausen wurde 1689-1693 geschaffen und ist damit eines der ältesten erhaltenen Heckentheater, in dem heute wieder Veranstaltungen stattfinden. Betont wird die Tiefe des über 50 Meter langen Bühnenraums durch beidseits aufgestellte vergoldete Statuen und Eibenpyramiden. Der ebenfalls von Heckenwänden eingefaßte Raum für die Zuschauer hat die Form eines Amphitheaters.

HERRENHAUSEN
Das »Orangenparterre« erstreckt sich vor der Galerie, in der die Kurfürstin Sophie ihre Kunstschätze zur Schau stellte. Wie in mittelalterlichen Klostergärten wurden die in Tontöpfe eingepflanzten Orangenbäume in einem schachbrettartig angelegten Geviert aus niedrigen Taxushecken in Reih und Glied aufgestellt.

HERRENHAUSEN
Eine der Querachsen besteht aus einer Abfolge von Wasserbecken mit vierzig Springbrunnen. Die Große Fontäne, die als besonders prächtiges Schauspiel gedacht war, liegt auf der Hauptachse in einem anderen Teil des Gartens. Man legte eine Wasserleitung vom Fluß Leine bis zu einem Wasserschloß, aber trotz der Mitwirkung von französischen, holländischen und italienischen Wasserbauspezialisten war die Fontäne zunächst eine Enttäuschung, da sie nur wenige Meter hochstieg. Erst 1720 erreichte man eine Höhe von 20 Meter, was damals große Bewunderung weckte. Heute ist die Fontäne im Großen Garten mit einer Höhe von 80-120 Meter die höchste Gartenfontäne Europas.

HERMANSTAL (KESSEL) ▲
Golden, blau und regungslos – ein Standbild, das aus einer turbulenten Zeit stammt.

HERMANSTAL

SANSSOUCI

Die sechs gestaffelten eingebuchteten Terrassen, die im Süden vor dem 30 Kilometer vor Berlin bei Potsdam liegenden Schloß Sanssouci aufsteigen, sind mit großer Sorgfalt restauriert worden. Beidseits der großen Freitreppe, die zum ovalen Kuppelbau zwischen den beiden Seitenflügeln hinaufführt, bilden die auf ihnen emporragenden Bäume und beschnittenen Büsche ein regelmäßiges Muster. Die verglasten Terrassen erheben sich als »gläserner Berg«, hinter dessen Scheiben nach dem Willen Friedrichs des Großen Edelobst gezüchtet wurde.

SANSSOUCI
Das Chinesische Teehaus.

SANSSOUCI
Im Verlauf des 18. Jahrhunderts wurde die Anlage von Schloß Sanssouci durch kleine Parkbauten in unterschiedlichen Stilen, eine Bildergalerie, die »Neuen Kammern« und das barocke »Neue Palais« ständig erweitert. So entstand um 1747 als Ausfluß der damaligen »Chinamode« das Chinesische Teehaus im ausgedehnten Park.

SCHLOSS BELVEDERE, WEIMAR
Agaven als Kübelpflanzen vor der Orangerie.

▼ SCHLOSS BELVEDERE, WEIMAR
Der Garten des Weimarer Schlosses Belvedere wurde ab 1724 angelegt. Auf die Planung nahm ebenso wie beim nahen Schloß Tiefurt die Herzogin Anna Amalia einen starken Einfluß. Später wurden die Weimarer Gärten im englischen Landschaftsstil umgestaltet, doch inzwischen hat man einem Teil der Anlage wieder sein ursprüngliches barockes Aussehen zurückgegeben.

SCHLOSS TIEFURT, WEIMAR ▶
Anna Amalia und ihr Sohn, der spätere Großherzog Karl August, begründeten die kulturelle Bedeutung Weimars im 18. und frühen 19. Jahrhundert, indem sie 1772 Wieland als Erzieher des Erbprinzen beriefen. Dieser holte 1775 Goethe, 1776 Herder und 1799 Schiller nach Weimar, das dadurch als »Musenhof« zum Mittelpunkt des geistigen Lebens in Deutschland wurde. Häufig waren die Dichter in dem an der Ilm erbauten Schloß Tiefurt zu Gast. Im Laufe der Zeit wurde jedoch der Schloßgarten vernachlässigt, und so hatte der Landschaftsarchitekt Eduard Petzold viel Mühe, ihn 1845-1850 wieder in seinen ursprünglichen Zustand zurückzuversetzen. Um 1970 wurde Schloß Tiefurt gründlich renoviert.

HAMPTON COURT
Zierparterre »en broderie« mit beschnittenen Buchsbaumhecken und Blumenbeeten.

HAMPTON COURT

Mit dem Kommen und Gehen der Herrscher und mit dem Ablauf der Geschichte verlagerten sich die jeweiligen Machtzentren in Europa. Ein solches war eine Zeitlang auch Hampton Court. Als der mächtige Heinrich VIII. (1492 bis 1547) den Garten anlegen ließ, wollte er vom Schloß aus einen ebenso prächtigen Ausblick genießen können, wie er seinem französischen Gegenspieler, König Franz I., vergönnt war, und entsprechend prachtvoll wurde die Anlage gestaltet. Der in Frankreich aufgewachsene genußsüchtige Karl II. (1630-1685) bereicherte den Park unter anderem durch den Grand Canal und die »patte d'oie«, drei von einem Punkt ausgehende Lindenalleen im Osten des Palastes. Seine größte Zeit erlebte der Palastgarten, als Maria II. Stuart und ihr Gemahl, Wilhelm III. von Oranien, 1689 den englischen Thron bestiegen. Hampton Court sollte mit den großen französischen Barockanlagen wetteifern, und so wurde nicht nur der Palast durch Sir Christopher Wren umgebaut, sondern auch der Garten des Palasts völlig umgestaltet.

Nun hatte der Garten von Hampton Court alles, was einem hochrangigen Herrscher zukam: prächtige Zierparterres von Daniel Marot, der auch am Garten von Het Loo mitarbeitete, eine Boskettzone mit Taxusobelisken und Heckenwänden, barocke Gartenskulpturen, einen parkähnlichen Abschlußteil, Wasserbecken, Springbrunnen und Wasserkünste. Kurz nach dem Tod Wilhelms III. ließ Königin Anna den Palastgarten verändern, wo immer dies möglich war. Sie soll ihren Schwager so sehr gehaßt haben, daß sie durch nichts an ihn erinnert werden wollte.

CASTLE HOWARD
Blick auf das prächtige spätbarocke Schloß, ein Werk des Architekten und Gartenbaumeisters Sir John Vanbrugh (1664-1726). Der in der Bildmitte sichtbare gigantische Atlasbrunnen ziert den Garten des Schlosses in der englischen Grafschaft Yorkshire erst seit dem späten 19. Jahrhundert.

RANUNCULUS-ASIATICUS-HYBRIDE

PAPAVER-SOMNIFERUM-'PAEONIFLOWERED'-HYBRIDE

Seit dem ausgehenden Mittelalter erfreute sich die Zucht von Zierpflanzen wachsender Beliebtheit, was schließlich zu einer grenzüberschreitenden Sammlerwut führte. Im 17. Jahrhundert nahmen Botaniker und reiche Pflanzenliebhaber lange Wege und große Mühen auf sich, um in den Besitz seltener Pflanzen zu kommen. Diese wurden begeistert gezüchtet und gekreuzt, um Abarten mit neuen Formen und Farben zu gewinnen. Besonders beliebt waren gefüllte Blüten in Pastellfarben mit glattrandigen oder gefransten Blütenblättern, Pfingstrosen, Rosen, Ranunkel und päonienblütiger Mohn, wie ihn unser Bild zeigt. Solche Zuchtformen sind von Zierpflanzen auf den im 17. Jahrhundert gemalten Blumenstilleben häufig zu sehen.

RANUNCULUS-ASIATICUS-HYBRIDE
Die Ranunkel stammt aus Kleinasien und gelangte um 1580 aus der Türkei nach Westeuropa. Dort wurde sie durch Carolus Clusius verbreitet, der mit Botanikern in ganz Europa in Verbindung stand und neben vielen anderen neuen Pflanzen auch die Tulpen in die Niederlande brachte.

ROSA CENTIFOLIA 'CRISTATA'
Die duftende Pomponrose (Moosrose, Kohlrose) wird auch als »Malerrose« bezeichnet, weil sie von holländischen Malern des 17. Jahrhunderts oft auf Blumenstilleben dargestellt worden ist. Wahrscheinlich ist diese Rosenart im späten 16. Jahrhundert durch Kreuzung entstanden.

BANTRY HOUSE
Bantry House liegt an der südwestirischen Bantrybucht, deren mildes Klima viele wärmeliebende Pflanzen gedeihen läßt. In dem der Bucht zugewandten Teil des Gartens wurden um die Mitte des 19. Jahrhunderts von Balustraden eingefaßte Terrassen angelegt. Der umfriedete Garten auf der Rückseite des Hauses war im Stil der französischen Renaissancegärten gestaltet. Um alten Landhäusern und Schlössern zu besserer Geltung zu verhelfen, griffen die Gartenarchitekten des 19. Jahrhunderts oft auf Vorbilder aus der Zeit von Renaissance und Barock zurück und erweckten den italienischen und den französischen Stil zu neuem Leben. Beider Grundlagen entnahmen sie alten Musterbüchern und Beschreibungen, aber da sie Gestaltungsprinzipien und Pflanzen nach eigenem Gutdünken verwandten, sind diese Gärten nicht originalgetreu historisch, sondern auch Zeugnisse der Zeit, in der sie neu gestaltet wurden.

GIARDINO GIUSTI
Der Garten liegt über dem östlichen Steilufer der Etsch und gewährt einen wunderschönen Ausblick auf das Tal dieses Flusses. Auf den Schnittpunkten der Achsen standen einst große Kübelpflanzen oder erhoben sich aus steingefaßten Bassins hohe Springbrunnen.

Im 19. Jahrhundert wurde der Renaissancegarten völlig umgestaltet, so daß wir seine ursprüngliche Pracht nur noch durch die begeisterten Schilderungen von Goethe, John Evelyn, Thomas Coryat und anderer prominenter Besucher kennen. Inzwischen hat man den Versuch unternommen, Anlage und Bepflanzung des 16. Jahrhunderts so gut wie möglich wiederherzustellen. Zwar haben nur wenige der alten Zypressen überlebt, doch dafür säumen heute neu gepflanzte Bäume die Wege des Gartens.

GIARDINO GIUSTI

GIARDINO GIUSTI
Bild und Wesen eines Gartens werden nicht nur durch den Zeitgeschmack, sondern auch durch die geographischen und klimatischen Gegebenheiten und durch die dem Standort entsprechende Pflanzenwelt bestimmt. Im Giardino Giusti, einem bedeutenden italienischen Renaissancegarten in Verona, waren es die wunderschönen Zypressen, die seit alters von den Besuchern gepriesen wurden. Jahrhundertelang war der Giardino Giusti nicht nur in Italien, sondern in ganz Europa wegen seiner Schönheit berühmt. Der Garten der Villa Giusti wurde in der zweiten Hälfte des 16. Jahrhunderts im Auftrag des einflußreichen Agostino Giusti angelegt und entsprach ursprünglich mit seinen Terrassen, den Rabatten und Bosketten dem Renaissancestil jener Zeit.

GIARDINO GIUSTI

VILLA BETTONI (BOLIAGO, LAGO DI GARDA)

GIARDINO GIUSTI

ROSA CENTIFOLIA 'PARVIFLORA'
Rosen werden schon seit alters gezüchtet und bewundert, aber erst im 19. und 20. Jahrhundert hat es sich eingebürgert, sie in großer Zahl auf Beeten und Rabatten zusammenzustellen. Früher hatte man die Rose in der Gartenbaukunst als blühenden Einzelstrauch oder blühende Hecke sowie zur Berankung von Mauer- und Gitterwerk (»Treillage«) eingesetzt oder hatte sie – wie in Het Loo – auf langen Pfosten gezogen.
Rosen mußten nicht nur schön sein, sondern auch stark duften, sollten doch Gärten nicht nur durch ihren Anblick und das Rauschen von Wasser oder das Zwitschern von Vögeln, sondern auch durch ihre betörenden Düfte die Menschen erfreuen.

LUNARIA ANNUA 'ALBA'
Weiß blühende Mondviolen in einem von Buchs gesäumten Beet ergeben ein ausgewogenes, ruhiges Bild, das die Gesamtwirkung eines Gartens beeinflußt.

BEECKESTEYN
Der Park von Beeckesteyn (Velzen) wurde im Laufe der Zeit durch verschiedene Stile der Gartenarchitektur geprägt. In der zweiten Hälfte des 17. Jahrhunderts wurde der Garten nach italienisch-französischer Manier streng geometrisch durchgestaltet. Danach verfiel die Anlage, kam in den Besitz der Gemeinde Velzen, wurde von ihr restauriert und das Haus in ein Museum umgewandelt. Zu den nach der Restaurierung aufgestellten Skulpturen gehört die hier gezeigte Entführung der Venus durch Hephaistos. Im Hintergrund ist ein Teil der alten Umfassungsmauer zu sehen, an der früher Spalierobst gezogen wurde.

BEECKESTEYN
Im Schnittpunkt von Haupt- und Querachse liegt ein großes Wasserbecken mit Fontäne. Einer Beschreibung des Gartens aus der Zeit um 1780 ist zu entnehmen, daß damals dieses zentrale Bassin den Mittelpunkt der Parkanlage bildete. Der seinerzeitige Besitzer, Jacob Boreel, ließ den Garten durch den Baumeister Johann Georg Michael neu gestalten; dieser machte aus dem umliegenden Gelände einen Landschaftsgarten, wie er damals, von England ausgehend, in Europa in Mode kam.

◄ HET LOO Dieses Luftbild läßt deutlich erkennen, daß alle Teile eines Barockgartens in ein System von Achsen eingebunden sind. In Het Loo verläuft die Mittelachse in nordsüdlicher Richtung. Von ihrem Nordende aus erstrecken sich (unten im Bild) fächerförmig drei Alleen ins Umland, eine als »patte d'oie« (Gänsefuß) bezeichnete Wegeanordnung. Von der mittleren Allee aus setzt sich die Achse über den auf der Frontseite liegenden Ehrenhof und durch das Schloß fort, um als Mittelachse den oberen und unteren Barockgarten zu durchschneiden. Ihren optischen Abschluß bildet die dem Schloß gegenüberliegende halbkreisförmige Kolonnade (ganz oben im Bild). Beidseits des Schlosses liegen der Garten des Königs und der Garten der Königin.

HET LOO Der untere Garten besteht aus acht Gevierten: beidseits der Mittelachse je zwei Broderieparterres aus kurzgeschnittenen Buchshecken und daran nach außen hin anschließend zwei Rasenparterres. Zur Betonung der Senkrechten sind die Parterres auf den Außenrändern (»plate-bandes«) von schlanken Taxusobelisken gesäumt. Im Garten der Königin sind in Kübeln in Reih und Glied formgeschnittene Zierpflanzen aufgestellt.

Bei den vier Broderieparterres um den Mittelweg sind in die Buchsbaumränder mit Kies und Klinkern verschiedenfarbige Arabesken eingelegt. Interessant zu bemerken ist, daß die Taxusobelisken auf den »plate-bandes« nicht, wie in französischen Gärten meist üblich, dicht nebeneinander als Heckenwand gepflanzt sind, sondern weit auseinander stehen, so daß jede Einzelpflanze zur Geltung kommt.

HET LOO
Der Venusbrunnen steht an der Stelle, an der die Hauptachse den unteren Garten erreicht. Auf einem mit Muscheln und Korallen geschmückten Sockel sehen wir Venus und Cupido. Im Schilf zu ihren Füßen blasen vergoldete Tritonen ins Horn, und Schwäne umgeben im Bassin die Figurengruppe. Die fischschwänzigen Tritonen haben ab dem Nabel Menschengestalt. Die Statue der Venus, die als Allmutter nicht nur die Göttin der Liebe, sondern auch die Schutzgöttin der Gärten war, wurde von dem spätbarocken Brüsseler Bildhauer Gabriel Grupello geschaffen.

Die Parterres werden längs der Mittelachse von schmalen Kanälen gesäumt. Im Hintergrund ist der Venusbrunnen zu erkennen. Im Jahr 1684 erwarb Wilhelm III. von Oranien, Erbstatthalter der Niederlande, in der Nähe von Apeldoorn ein von Wald und Dünen umgebenes Wasserschloß in einem wildreichen Jagdgebiet, in das er sich von Zeit zu Zeit zurückzog, um sich von den Mühen der Regierungsgeschäfte und der fortdauernden Kriege zu erholen. In den folgenden Jahren ließ er ein neues Schloß erbauen und eine barocke Gartenanlage planen. Nachdem er Maria II. Stuart, die Tochter Jakobs II. von England, geheiratet hatte, riefen ihn 1688 die englischen Protestanten zur Abwehr der Rekatholisierungsversuche seines Schwiegervaters zu Hilfe und erhoben ihn zum König von England, und nun ließ er, seinem neuen Rang entsprechend, Het Loo samt Park prachtvoll umgestalten. Geleitet wurden diese Arbeiten von dem Baumeister Jacob Roman, der auch den Park veränderte und ihm unter anderem den oberen Garten hinzufügte. Obgleich die Anlage erheblich kleiner ist als beispielsweise der Park von Schloß Versailles und viele typisch holländische Stilelemente enthält, ist doch der Einfluß des französischen Barockgartens deutlich sichtbar.

Die Residenzen der Oranier waren in vieler Hinsicht nach bedeutenden französischen Vorbildern gestaltet, die einer der wichtigsten Ratgeber Wilhelms auf zahlreichen Reisen kennengelernt hatte, und obendrein standen Künstler und Baumeister wie der französische Hugenotte Daniel Marot in den Diensten der Oranier. Als die Hugenotten aus Frankreich vertrieben wurden, floh Marot mit vielen seiner Glaubensgenossen in die Niederlande, wo der Statthalter religiöse Toleranz gewährleistete. Dem Franzosen verdanken wir unter anderem die eleganten Broderieparterres von Het Loo. Fertiggestellt wurde der Garten im Jahr 1692. Später wurden durch neue gartenarchitektonische Entwicklungen die barocken Züge der Anlage völlig verwischt. Erst eine umfassende Restaurierung, die von 1979 bis 1984 dauerte, hat den Park von Het Loo in seiner ursprünglichen Pracht wiederhergestellt. Ein ausgiebiges Studium zeitgenössischer Schilderungen und Darstellungen hat es ermöglicht, nicht nur den Gesamtplan der Gärten mit all ihren wichtigen Elementen zu rekonstruieren, sondern sie auch mit Gewächsen zu bepflanzen, die in Form und Farbe mit dem Bewuchs des 17. Jahrhunderts weitestgehend übereinstimmen. Nur gelegentlich machte man Konzessionen an eine spätere Zeit, so im oberen Garten, wo einige wertvolle Bäume aus der Landschaftsgartenzeit beibehalten wurden.

HET LOO
Ein Triton des Venusbrunnens.

HET LOO
Das »Kabinett der Königin« ist ein lauschiges Plätzchen in der Boskettzone des Gartens der Königin, das von einer inneren und einer äußeren Bogenlaube (»berceau«) umschlossen ist. Heckenwände und Laubengänge dienen in architektonisch gestalteten Gärten oft zur optischen Abtrennung von Gartenteilen, deren Inneres mit Sitzplätzen, Pavillons, Beeten oder Bassins vielfältig gestaltet sein kann. Bei der Restaurierung des Parks von Het Loo wurde das Lattenwerk (»treillage«) für die begrünten Lauben aus Hartholz errichtet. Nach einer Beschreibung aus dem 17. Jahrhundert bestand damals die Baumlaube aus Ulmen, doch hat man bei der Neubepflanzung Hainbuchen genommen, um das Risiko des Ulmensterbens zu vermeiden.

HET LOO
Zwei wunderschöne Kaskaden schmücken die Böschungen beidseits des Gartens. Am Fußende der Narziß-Kaskade spiegelt sich die wohlbekannte Gestalt der griechischen Mythologie in der Wasserfläche eines halbrunden Bassins, während hinter ihr das Wasser von Stufe zu Stufe stürzt. In den architektonisch durchgestalteten Gärten der Renaissance und des Barocks spielten sich an Geländeterrassen anlehnende Kaskaden eine bedeutsame Rolle. Wir finden sie häufig in italienischen Renaissancegärten, so bei der Villa Torlonia, der Villa Lante und beim Palazzo Farnese. Das eindrucksvollste Beispiel ist die über 200 Meter hohe Kaskade im Park von Kassel-Wilhelmshöhe.

HET LOO ▶
Auf jedem der vier Rasenparterres des unteren Gartens hat man eine Figur aus der griechischen Mythologie aufgestellt: Apollo mit der Leier (siehe unser Bild), Pomona, Bacchus und Flora. Gartenskulpturen betonen nicht nur die geometrische Gliederung der Anlage, sondern entsprechen einem festen Programm und beziehen sich allegorisch auf die Tugenden des jeweiligen Fürsten. So verweisen die vier oben genannten Figuren auf die Friedensliebe Wilhelms III. Die niedrigen Buchshecken der Rasenparterres sind von Sandstreifen eingefaßt, so daß sie leichter beschnitten werden können. Hier und da hat man farbige Stangen für Kletterrosen und andere Rankengewächse und Klimmer aufgestellt.

HET LOO
Das Gebiet um das Schloß war nicht nur dicht bewaldet, sondern enthielt auch zahlreiche Quellen. Das Wasser wurde von verschiedenen Stellen aus durch ein Netzwerk von Leitungen aus Holz, Stein und Blei zu den zahlreichen Bassins, Fontänen und Kaskaden des Parks geführt. Vor der Renovierung dieses Leitungssystems berechnete man genau den Wasserbedarf der einzelnen Springwasser und Wasserspiele und zog zeitgenössische Beschreibungen und bildliche Darstellungen heran, um den ursprünglichen Zustand so getreu wie möglich wiederherzustellen. So kam man für den Herkulesbrunnen (Bild rechts außen), in dem der als Kind dargestellte Herkules mit seinen kleinen Fäusten eine grüne Schlange erwürgt, auf einen Wasserbedarf von 22 Kubikmeter pro Stunde.

WELDAM CASTLE

Im ausgehenden 19. Jahrhundert, als viele der alten Renaissance- und Barockgärten in Europa in Landschaftsgärten nach englischem Vorbild umgewandelt waren, erwachte ein neues Interesse für die Gartenarchitektur früherer Zeiten. Man legte nach Beispielen aus dem 17. Jahrhundert um zahlreiche historische Bauwerke Gärten an, die nach architektonischen Prinzipien gestaltet waren, doch in vielen Fällen die persönliche »Handschrift« der Gartenarchitekten des 19. Jahrhunderts nicht verleugneten. Weldam Castle in Overijssel, das nach holländischer Manier von Alleen und sich im rechten Winkel schneidenden Kanälen eingefaßt war, erhielt in dieser Zeit einen Barockgarten, der 1886 von dem französischen Architekten Edouard André entworfen und in den darauffolgenden Jahren von dessen Schüler und Kollegen H.A.C. Poortman ausgeführt wurde.

WELDAM CASTLE
Die eleganten Broderieparterres, die im frühen 20. Jahrhundert unmittelbar vor dem Schloß angelegt wurden, sind später mehrfach umgestaltet worden. Beibehalten hat man jedoch das Zierparterre, das von einem 140 Meter langen Laubengang begrenzt wird.

TWICKEL
Eiben mit ihren roten Beeren gehören zu den zahlreichen lebenden Ornamenten im Garten von Twickel (Overijssel). Dazu zählen auch die kunstvoll geschnittenen Broderieparterres. Twickel und Weldam Castle (siehe Seite 54) werden oft in einem Atemzug genannt, weil in beiden Gärten das Architektenteam André und Poortman den Stil einer früheren Epoche auf ganz individuelle Weise zu neuem Leben erweckt hat.

ZUYLESTEIN CASTLE (LEERSUM)
Die beschnittenen Buchshecken werden von blühenden ein- und mehrjährigen Pflanzen und hier und da von Disteln überragt. Im Hintergrund sehen wir das alte Schloß, das nach völliger Zerstörung im Zweiten Weltkrieg wieder auf den ursprünglichen Grundmauern aufgebaut wurde.

ABTEI WILHERING

Blumenrabatt mit rot blühendem Salbei, graublättrigem Wollziest, gelben Ringelblumen und einem Rosenstock.

SCHÖNBRUNN
Vom Najadenbrunnen führt eine von beschnittenen Bäumen gesäumte Allee zu dem von dem berühmten österreichischen Barockarchitekten Johann Bernhard Fischer von Erlach erbauten Schloß. Jahrhundertelang diente das Schloß am rechten Ufer des Flüßchens Wien den Habsburgern, einer der mächtigsten europäischen Dynastien, als Sommerresidenz. Nach dem glanzvollen Sieg, durch den die Wien belagernden Türken in die Flucht geschlagen wurden, errichtete man im ausgehenden 17. Jahrhundert in der österreichischen Hauptstadt und in ihrer Umgebung zahlreiche Prachtbauten mit herrlichen Gärten. Fischer von Erlach erhielt von Kaiser Leopold I. den Auftrag, ein Schloß zu schaffen, das den Vergleich mit dem Versailler Schloß seines Rivalen Ludwigs XIV. nicht zu scheuen brauchte. Ehe er zum Hofarchitekten der Habsburger (Leopold I., Joseph I. und Karl V.) wurde, hatte sich Fischer von Erlach schon in Italien einen Namen gemacht, wo er bei dem großen Bernini in die Lehre gegangen war. Das für das Schloß samt Park und Gartenbauten vorgesehene Gelände war größer als die damalige Fläche der Hauptstadt. Die Arbeit an den Gärten begann erst im 18. Jahrhundert und zog sich lange hin, so daß die Gestaltung der Anlage durch den Geschmack mehrerer Kaiser, die Eigenart verschiedener Gartenarchitekten und den Wandel der Stile beeinflußt wurde.

SCHÖNBRUNN
Mit der Hilfe von Hebebühnen werden die berühmten Alleen und Heckenwände von Schönbrunn formgeschnitten. Erschwert wird die Arbeit durch die Tatsache, daß in die Heckenwände viele Nischen zur Aufstellung von Gartenskulpturen eingetieft sind. Der Unterhalt nicht nur von Schönbrunn, sondern von allen Barockgärten ist sehr arbeitsintensiv, denn bei einem geometrisch angelegten Park fallen alle Nachlässigkeiten sofort ins Auge. So müssen Blumen- und Heckenparterres exakt zugeschnitten werden, und das gilt auch für die Taxusobelisken und Zierbäume, die alle die gleiche Form und Höhe haben müssen. Für solche Präzisionsarbeiten sind erfahrene Gärtner nötig.

SCHÖNBRUNN
Zwei aus Lattenwerk (»treillage«) errichtete Tore. In geometrisch angelegten Gärten wurden oft verschiedene Teile durch solche Bauelemente voneinander getrennt, meist in Verbindung mit Heckenwänden, Baumlauben oder berankten Laubengängen. Die oft reich geschmückte Treillage bestand ursprünglich aus farbig gestrichenem Holz, doch später kamen auch Eisengitter in Mode.

SCHÖNBRUNN

SCHÖNBRUNN

In einem Teil des Gartens dominieren kurzgeschnittene Rasenflächen mit runden Blumenbeeten, die von kunstvoll gestalteten Blumengirlanden eingefaßt sind. Einen anderen Anblick bieten die Broderieparterres beidseits der Hauptachse auf der Rückseite des 156 Meter breiten Schlosses. Hier ist der ursprüngliche französische Einfluß noch deutlich zu erkennen, auch wenn die Bepflanzung eindeutig aus einer späteren Zeit stammt. Den Grundplan der Gartenanlage entwarf Fischer von Erlach; ausgeführt wurden die einzelnen Teile von französischen Gartenbaumeistern. Ab 1744 ließ Maria Theresia zahlreiche Veränderungen vornehmen, ohne den französischen Charakter des Parks zu beeinträchtigen. Ihr Mann, Franz I., war besonders an exotischen Pflanzen interessiert. Deren Beschaffung und Pflege vertraute er zwei holländischen Gartenmeistern an, von denen einer in die Karibik reiste, um für die 1744 erbaute große Orangerie neue Pflanzen zu holen. Auch in der Folgezeit wurde Schönbrunn, was die Weiterentwickelung des Gartens und die Wahl der Pflanzen betrifft, stets auf dem laufenden gehalten, so daß es heute zu den interessantesten Sehenswürdigkeiten der österreichischen Hauptstadt gehört.

SCHÖNBRUNN

SCHÖNBRUNN

PARQUE NACIONAL DO BUÇACO

PARQUE NACIONAL DO BUÇACO
Ein elegantes Zierparterre erstreckt sich vor dem malerischen Palast von Buçaco, der in ein Hotel umgewandelt wurde. Die Zwischenräume sind mit silbergraublättrigem Wollziest (Stachys lanata) gefüllt, der gut zu den dunkelgrünen Arabesken der Buchshecken paßt.

PARQUE NACIONAL DO BUÇACO

PARQUE NACIONAL DO BUÇACO

PÁLACIO NACIONAL DE QUELUZ

Schloß und Park von Queluz, der westlich von Lissabon gelegenen ehemaligen Sommerresidenz der portugiesischen Könige, bilden ein ebenso harmonisches wie eindrucksvolles Ganzes. Geschaffen wurden beide im Auftrag von Dom Pedro III. und seiner Frau Maria I. von dem Franzosen Jean-Baptiste Robillon in einer fast dreißig Jahre währenden Bauzeit (1753-1782). Viele Elemente der Parkanlage – die Brunnen im Stil des Rokoko, die kunstvollen Parterres, die Wasserspiele, die in Portugal hergestellten farbenfrohen Fliesen, die glasierten Tonwaren und die Gartenskulpturen italienischen Ursprungs – sind wunderschöne Kunstwerke von eigenem Wert.

PÁLACIO NACIONAL DE QUELUZ
Die Boskettzone des Parks wird durch schnurgerade Wege unterteilt, die vom Mittelpunkt aus strahlenförmig zu Gartenskulpturen hinführen – eine gartenarchitektonische Anordnung, durch die Blickachsen zu Kunstwerken geschaffen werden. Die Vertikale wird in diesem geometrisch gestalteten Barockgarten durch die schlanken Zypressen betont, die wie Säulen aus der Boskettzone aufragen.

PÁLACIO NACIONAL DE QUELUZ

PÁLACIO NACIONAL DE QUELUZ
Die Treppen, die den Höhenunterschied zwischen Schloß und Park überwinden, gewinnen im hellen Sonnenlicht durch das Spiel von Licht und Schatten eine erstaunliche plastische Wirkung.

In vielen portugiesischen Parkanlagen sind geometrische Elemente in Reih und Glied ausgerichtet, so die Würfel-, Trapez- und Kugelformen von Buchs, Liguster und anderen formgeschnittenen Boskettpflanzen. Formschnitte gehören zur portugiesischen Tradition und stehen nicht immer in Bezug zur strengen Formensprache der Barockgärten, in denen jeder Busch, jede Hecke und jeder kleine Baum je nach Größe und Wuchs zu einem strikt geometrischen Gebilde zurechtgestutzt wurde.

HOTEL SINTRA/PÁLACIO DE SETEAIS
Schon seit vielen Jahren sind kunstsinnige Menschen aus aller Welt bemüht, sich in der wunderschönen Berglandschaft rings um die portugiesische Stadt Sintra ihr eigenes Paradies auf Erden zu schaffen. Der aus zwei Gebäuden bestehende, um 1800 erbaute Pálacio de Seteais wird heute als Hotel genutzt. Von ihm aus überblickt man einen Teil des Gartens, der nach geometrischen Prinzipien in der Tradition des typisch portugiesischen Formschnitts gestaltet ist. Hinter Bergen und Wäldern liegt in dunstiger Ferne der Atlantische Ozean.

PRIVATGARTEN, SINTRA

BOM JESUS DO MONTE
Hoch über dem Häusermeer der portugiesischen Stadt Braga ist der Park des Hotels Bom Jesus eine Oase der Ruhe. Zu manchen Zeiten des Jahres, besonders um Pfingsten, geht es um Braga geschäftiger zu: Tausende von Wallfahrern pilgern zur Kirche Bom Jesus do Monte auf dem »heiligen Berg«, zu der eine schier endlose Treppe hinaufführt. Diese berühmte Treppe, ein Meisterwerk der Barockarchitektur, wurde von um 1735 bis 1774 erbaut.

BOM JESUS

REGISTER